U0378822

美

书，当然要每日读。

〔日〕香菜子 著

李力丰 译

你今天真好看

衣服的样子

你的样子

香菜子さんの

服えらび。

北京时代华文书局

图书在版编目（CIP）数据

你今天真好看：衣服的样子，你的样子／（日）香菜子著；李力丰译.
-- 北京：北京时代华文书局，2019.8（2021.6重印）

（原点·家事生活美学系列／陈丽杰主编）

ISBN 978-7-5699-3100-6

Ⅰ.①你… Ⅱ.①香…②李… Ⅲ.①服饰美学 Ⅳ.①TS941.11

中国版本图书馆CIP数据核字（2019）第134743号
北京市版权局著作权合同登记章 图字：01-2018-0545

KANOKO SAN NO FUKUERABI by Kanako
Copyright©Kanako , 2016
All rights reserved.
Original Japanese edition published by SHUFU TO SEIKATSU SHA Co.,LTD.

Simplified Chinese translation copyright ©2019 by Beijing Times Chinese Press
This Simplified Chinese edition published by arrangement with SHUFU TO SEIKATSU SHA
Co.,LTD.,Tokyo, through HonnoKizuna, Inc.,Tokyo, andBardon Chinese Media Agency

你今天真好看：衣服的样子，你的样子

NI JINTIAN ZHEN HAOKAN： YIFU DE YANGZI ， NI DE YANGZI

著　　者 | 〔日〕香菜子
译　　者 | 李力丰

出 版 人 | 陈　涛
选题策划 | 陈丽杰　柳聪颖
责任编辑 | 陈丽杰　柳聪颖
装帧设计 | 程　慧　迟　稳
责任印制 | 刘　银　范玉洁

出版发行 | 北京时代华文书局 http://www.bjsdsj.com.cn
　　　　　北京市东城区安定门外大街136号皇城国际大厦A座8楼
　　　　　邮编：100011　电话：010-64267955　64267677
印　　刷 | 河北京平诚乾印刷有限公司　010-60247905
　　　　　（如发现印装质量问题，请与印刷厂联系调换）
开　　本 | 787mm×1092mm　1/32　印　张 | 5.5　字　数 | 75千字
版　　次 | 2019年10月第1版　印　次 | 2021年6月第3次印刷
书　　号 | ISBN 978-7-5699-3100-6
定　　价 | 49.00元

序 言

　　我从二十岁开始，就每天自己挑选、搭配当天要穿的衣服了。虽然说已经积累了二十多年亲力亲为的经验，在每天出门之前，仍然无法做到次次都选对，有些时候，并非衣服不好看，只是穿在自己身上有着这样那样的不和谐，要达成这种穿衣上的和谐。是我希望的境界。

　　日常中，经常会出现这样的状况，比如，寒冷的天气里外出参加拍摄工作，却错穿上了薄款的外套，整张脸、甚至整个身体都会被凛冽的寒风吹到冻僵，在这种情况下，拍摄出来的照片会不会好看，可想而知；再比如说，当我正在兴致勃勃地为家人下厨之际，原本美美地挽起来的毛衣袖子，却常常不听话地滑落

下去。三番五次下来，不仅分散了我做家务时的注意力、打乱了我的节奏，还十分影响我烹制菜肴时的心情，如此一来，便会影响到我原本打算精心为家人制作的饭菜的口味，甚至搞砸一场美好的家庭聚会。这样的"多米诺"骨牌式的连锁反应，竟然是因为我没有选对一件袖子不会滑下来的毛衣。而这样的事情总是避免不了，时有发生。

可是，若是选对了合乎天气和场合的衣着搭配，我的心情也会跟着舒畅起来。一身漂亮的连衣裙或者一条别致的半身裙会让人更自在，觉得自己经得起"聚光灯的照射"，哪怕只是像平常一样走在路上，也会因为穿对了衣服而觉得这一天有多么不同寻常，

别人眼中的你也才更加迷人。

你看，"选对合适的衣服"这样一件看似无关紧要的事情，也会深深关联着自己的日常生活和每一天的心情。即便是平平常常的一件衣服，我们也不能小看它。将自己打扮得可爱又迷人，尽情享受每一天的生活，你的人生将会变得丰富多彩。

大概十来岁，还是年少无知的时候，我总是仅凭自己的喜好与冲动，胡乱地穿衣，随意地搭配，肆意地打扮，只想着在人群中突出自己，就要和别人不一样才好，也不管是否舒适，是否合宜；刚过二十岁，正值青春韶华，活力四射，想穿得好看的心噌噌长，什么风格、什么类型的衣服都想试一试。T恤、牛仔

裤，是我喜欢的运动风；连衣裙，也是想要尝试的淑女范儿；长大衣，心想着，穿起来也是优雅好看的样子……就这样，面对眼花缭乱的服装选择，我的喜好也变得变化多端，不会囿于固定的风格和款式。

因此，我也始终没能找到属于我自己的穿衣风格。事实上，每个人都应该拥有自己的穿衣风格，并且，越早形成越好，这会让你少走很多弯路。

过了三十岁，我成了两个孩子的母亲，要工作，也要照顾家庭，能空出来好好收拾打扮自己的时间比以前少了，同时作为一名时尚行业工作者，我需要经常外出工作，因为工作原因，经常一身上下都是名牌装扮……

　　这样想想看，自己在穿衣打扮方面，实在是经历了太多太多的误区，走过了太长太长的弯路。这其中，有些失误想起来都会让自己汗颜，也有些失误引得旁人暗地发笑。

　　如今，站在四十岁的边缘，我却有一种宛如新生的感觉。因为，在这个年纪，我终于在总结以往那些经验教训的基础之上，寻觅到了今后应该如何挑选衣服的方向。

　　一想到从今往后，我可以享受到每天穿着自己喜欢的衣服、拥有"个人独有的风格"带给我的快乐和满足感，便会由衷地感觉到，我的人生迎来了新的

转折点。

"这件单品，哪怕是再过十年，它也不会过时，还可以穿上身，感受它带给我的舒适自在"，"新的一年里，我想要打造出一个令自己满意的身体线条。那么，究竟是要隐藏起腰线，还是要把它露出来，等我一一试过之后，再做决定吧"。

就这样，一边寻找着衣着整体的平衡感，一边琢磨着最适合自己风格的穿搭方式，实在是让人快乐无比，收获幸福感其实真的不难，无需向外找，把自己打理好就成了。

目 录

Chapter 1

打造新鲜感的十个
穿搭"小心思"

至今为止，我穿过的衣服已经有成千上万件了。通过这些充实而又重要的经验，我总结出了一些搭配原则，这些原则可以很好地帮助你去尝试并发现适合你的穿衣方式和风格。

其中，尤为关键的一点是：穿搭时既不要过于一本正经，也不能太过随心所欲。掌握适度的原则才是至关重要的。

这是心思④

心思①

对比色开衫

这身穿搭是遵循时尚中的三色原则打造出的冬日清新海洋风格。整体色调以纯白色、象牙白色为基础，再外搭一件深蓝色的夹克。只需把色彩对比效果极为鲜明的红色开衫从中稍微露出一点点来，感觉就会无比美好了。

制造层次感的叠穿法

叠穿是我偶然发现的一种既时尚又简便舒适的穿搭方法。之所以最初会选择这种搭配法，完全是因为当时外面的天气太冷了，得加件衣服。

不过，搭配好之后，按照惯例在穿衣镜前照了照，却惊喜地发现，从外衣里隐约露出来的开衫边缘，居然能够传递出一种"穿搭技巧十足"的味道来，感觉相当地不错。于是，叠穿法就这样一直被我用到现在，每次重新搭配，都会带给我全新的体验。

话说回来，采用这种以外套或是夹克为主的叠穿法时，如果搭配不当，很可能会给人以格外沉重的印象。因此，一定要注意色彩的对比和浓淡的渐进，随时留意打造出适当的层次感。

这样，就可以使衣着有种与众不同的立体感，比起平平常常的穿搭，也更能增添一分时尚度。

外套里再叠穿

一件单品

时尚度瞬间UP

外套与内搭之间的过渡

如果要以宽松的砖红色粗呢外套为主角进行穿搭，里面我一般会推荐选用单色系来搭配。在薄款的细条纹衫外面，再叠穿上一件灰色的开衫，就能瞬间增加整体的融合度了。

☁ 也可以叠穿两件进去！

叠穿两件开衫进去，会让搭配的层次感显得更为丰富。只要
按长短的顺序，从外套到内搭，逐渐缩短衣服的长度，就能
呈现出完美的平衡感。

条纹还可以制造出拉长的视觉效果！

叠穿两件开衫进去，会让搭配的层次感显得更为丰富。只要按长短的顺序，从外套到内搭，逐渐缩短衣服的长度，就能呈现出完美的平衡感。

内搭跟外套长度一致视觉上非常显高

要想在外套里面叠穿衬衫裙，一定要把前面的扣子打开。通过深蓝色的收敛效果，能使纵向的线条得到很好的强调，使人视觉上非常显高，搭配出来的效果也令人惊喜。

⌃ 只系一颗扣子
人为打造出 V 领线条

只要把穿在里面的开衫扣子系上一颗，瞬间就可以提升开衫的存在感。假如内搭色彩太过浓烈，或是内搭的颜色不够鲜明时，都可以加入这样一件单品，以便起到调和整体色彩的作用。

背心也要叠穿起来 ➤

穿着棉麻类薄款外套时，认真选择好内搭背心也是非常重要的。因为背心本身就没有袖子，叠穿起来也完全不会给人以沉重感，依然能保持清爽如初。最关键的一点，是扣子切记不要系上，穿着时尽量随性一些。

◀
连帽卫衣
可以叠穿起来

要想为风格过于简洁的穿搭增加一些立体感时，可以把连帽卫衣的帽子和下摆作为关键点，将整体的色调协调统一起来。这样，连帽卫衣所特有的休闲感也会变得更加轻松自然，毫不突兀。

心思②

采用单色系穿搭法时
切记要突显出腰线来

平衡比例的腰线凸显法

最近我经常会采用单色系主打的搭配方式。这种时候，只要遵循"突显出腰线"这一原则，就完全不必担心整体上会给人平淡单调的印象，看上去也不会过于臃肿沉重。

至于上衣，要么选择短款的，把腰线露出来，要么把长款上衣塞进下面的裤子或裙子里。上下再用质感不同的面料互相搭配，就可以轻松自如地驾驭时下最为流行的风格了。

腰带也是凸显腰线的重要道具！无论是街头休闲风格，还是通勤的衬衫裙，一条腰带统统都能驾驭。而且腰线的位置由你决定，高或低，松或紧都可以随时调整。

◖ **下摆塞进半裙里**

纯棉质地衬衫的下摆务必要塞进亚麻质地半裙内。要想打造出突显腰线的蓬松线条，务必先把下摆塞进去，然后再略微拉出来一些，使衬衫自然地呈现出下紧上宽的感觉。

选择短款上衣

采用一身全白的穿搭法时，切记不要太过于甜腻，下半身可以选用长裤来与之搭配。尤为关键的一点是，要把视线集中在腰线周围。至于上衣的长短，最好刚刚及腰，腰带也可以在中间若隐若现。

菓子

心思③

内搭的下摆
要刚好
露出五厘米

采用有些难于搭配的白色单色系穿
搭法时，只要从里面露出一些绿色
米，整体就会显得无比柔和。这样
的搭配法还可以打造出色彩上的起
伏感，给人印象很是清新自然。

呈现美感的色彩对比法

仅仅使用基本色互相搭配时，容易给人留下太过单调的印象。这种时候，香菜子一般会选用彩色的T恤，并在腰线周围添加一些看似若无其事，实则暗藏心思的小配饰。这里的关键词就是"五厘米"。

露出来的长度如果短过五厘米，就很可能不够醒目，若是长过五厘米，就可能会显得邋遢。能够恰到好处地展示出"有意识地使用色彩对比"的长度，就是这五厘米。一件衣服的美感往往是通过这种不起眼的细节呈现出来的。

◉ 用亮眼的红色
营造出别样惊喜

这样一件鲜艳的红色 T 恤，单穿可能相当需要勇气。那么，可以把它用作内搭的主力。越是鲜亮抢眼的颜色，露出来的效果就会越发明显。下半身再搭上一条让人印象深刻的波点半裙，立刻会呈现出十分完美的搭配效果。

◉
要想营造出
清新之感，
就用纯净的白色！

在冬季常见的穿搭组合中，往往会以色调暗沉的羊毛套头毛衣等单品为主角。这种时候，要想为自己制造出一丝轻盈感，也可以使用纯净的白色。不过，切记一点，要选择既不会过于生硬，也不会过于暗淡，能让人顿觉神清气爽的"雪白色"，才是此处的关键。

换个颜色，传递出的味道
就会完全不同

⌢ 用万能的绿色
增加穿着者的时尚成熟感

色彩稳重大方的绿色，其实是一种与任何颜色都能
百搭的万能颜色，值得多多利用。如果把绿色换成
红色，也可以瞬间增加整体的收敛感。若是换成淡
蓝色，还可以营造出可人的小清新风。

上紧下松，整体更有平衡感

一件小小的马甲单品，
可以轻松打造出上松下紧的效果

穿着薄款内搭时，外面还可以套上一
件马甲，打造出流畅的"整体线条"。
上半身看上去会有一种收紧的效果。

选用修身款的条纹衫
也是一个好办法

挑选衣服时，需要留心选择适合自己
肩宽的尺码，这也是一条防止条纹衫
看起来有横向膨胀效果的重要技巧。

17

裙子＆衬衫裙可以叠穿提升蓬松度

为了与上半身取得平衡，白色半裙外还可以叠穿一条扣子散开来的衬衫裙。就可以营造出蓬松的效果了。

开衫的下摆一样可以塞进去

上半身穿着精纺的薄款开衫时，也可以把前面的扣子全部系上，就像穿毛衣一样，把开衫腰部塞进半裙内。

纤长显瘦的缺点隐藏法

要掌握好穿搭方式，重中之重就在于了解自己"身体的缺点"。只要了解了缺点，我们就会懂得如何补缺。身体的缺点无法避免，但我们可以使用我们的聪明才智让衣服"听身体的话"。会穿衣服的人，都会扬长避短，懂得协调搭配。

香菜子在选择日常衣着穿搭时，总是会先从下半身的穿着入手。假如要穿着具有蓬松感的半裙或阔腿裤，就会遵循一个雷打不动的原则，那就是，把上衣与腰部周围相应地收紧，使整个腰线突显出来，这种的搭配方式既能显现出纤瘦的上身线条，又能隐藏臀腿的缺陷，十分适合腿部线条不完美的姑娘。

除了可以把上衣的下摆直接塞进半裙之外，还可以用下摆处收紧的上衣，或是具有上半身显瘦效果的背心，搭配半身裙穿。通过上下两部分的线条对比，可以在视觉上打造出令人称奇的显瘦效果来。

心思⑤

把其他单品当成
围巾披肩来使用

在这种单色系穿搭法中，想要突出对比色的时候，可以选用色彩鲜艳的开衫或是毛衣，以发挥对比作用。只要选用一件充满张力的亚麻开衫，就可以呈现出帜适自然的蓬松感。

开衫

一物多用围巾点睛法

张弛有度，才能更好地享受生活。只要偶尔在基本款之中加入些许俏皮的元素，就能起到合适的点缀作用。

推荐大家试一试用开衫围起来做披肩，开衫的袖子部分刚好可以用来充当装饰，使整个人看上去活泼俏皮。实际上，要想集齐所有颜色的围巾、披肩，几乎是不可能的。但是，如果把范围扩大到毛衣、开衫之类的话，就非常有可能找到适合与全部衣服搭配的饰物了。

条纹套头衫

彩色条纹衫可以给人留下深刻印象，能够突出穿着者的成熟气质。露出来的部分其实并不算多，因此，不必担心会过于花哨。

开衫

旅行之中，备上一件既可披又可围的开衫，到时候就可以大显身手了，这种开衫实在是用处多多。穿着橘色开衫时，所达到的提亮效果也会让人颇为惊艳。

心思
⑥

采用灰色与白色的运动衫互搭时，LOGO 可以与之自然融为一体。假如在上衣胸口处印有 LOGO，建议大家再外搭一件连帽卫衣，以便把 LOGO 含蓄地隐藏起一部分来。

白色 T 恤上面的大 LOGO 文字也可以采用这种若隐若现的形式，这样既不会过于显眼，还可以透露出隐隐的成熟感。下面再搭上一条黑色阔腿裤，把整体统一起来，感觉就会相当地和谐。

23

自然和谐的色调统一法

穿着风格简约大方的衣裤时，索性配上 LOGO 较为醒目的托特大包，以突出全身的重点。这样做，整体上色彩数量并不会过多，着实是个出彩的招数。

上半身机车夹克 & 下半身长裙，这种组合正是擅长打造硬朗形象的冬季穿搭法。此时，肩上还可以搭上一只 LOGO 文字使用圆润手写体的托特袋，以便给整体增加一点柔和感。

这是一件上面印有 LOGO 的休闲风格单品，完全不会有装嫩之嫌，

如图这样搭配就可以轻松避开"稚气印象"。

要想搭配出成熟又时尚的味道，秘诀之一就是整体使用单色系穿搭法。

此外，还要提醒大家一点，衣物的 LOGO 上面偶尔会有一些故意吸引眼球的词句，

穿着时千万要留心确认一下内容！

切记不要胸前带着什么奇怪的宣传语上街招摇……

这件 T 恤使用了对比感强烈的深灰色，以及白色的 LOGO。配上白色的围巾，大胆强调了这种对比感，并且与脚上的鞋子遥相呼应，收紧了整体，堪称一个实用的好技巧。

衬衫随意系在腰间，营造出具有女人味的线条

采用运动裤＆旅游鞋这一"运动装标配"时，也可以把一件厚厚的法兰绒衬衫随意地系在腰间，打造出不经意的蓬松感来，体现出富有女人味的优雅线条。

美美的系带皮鞋不经意地演绎出复古风范

一件帅气的夹克衫，再配上一只休闲风双肩背包，就构成混搭出来的中性风格了。脚上再配上一双美美的系带皮鞋，刚好可以与里面的深红色套头衫相呼应，使穿着者的成熟度瞬间得以提升。

骑单车去做健身运动的日子里，戴上红色的护腕可以突出运动气氛，堪称一处亮点。

帅气休闲的复古运动风

想要走帅气路线时，一般会以运动衣或是卫衣、夹克等单品为主角，一定要记得与一些偏成熟风格的单品混搭在一起，这一点很关键。这也是一种最容易模仿的休闲混搭方式了。

迷你小包包是年轻女性的专属。这样一只小巧可爱的包包，可以使身上的休闲装立刻变得活泼俏皮十足。包包的颜色只要选择跟身上的衣服同色，就不会显得太过突兀。

活泼俏皮感十足
手上一只迷你小包包

穿搭风格走帅气路线时，
切记不要太过中性了

V领＋锁骨
是关键之处

内搭可以使用深 V 领的 T 恤。即便全身上下其他单品全部走帅气路线，只要露出漂亮迷人的锁骨部分，就能洋溢出十足的女人味来，这一点实在是奇妙得很。

实用的连衣裙混搭法
连衣裙要尽量选择两种以上穿法的

选择几条可以敞开来穿的衬衫裙，就不光可以用作连衣裙来穿了，甚至还可以把它们当作薄款的长外套来灵活使用。经过多次尝试摸索，我感觉：把衬衫裙当成连衣裙穿时，最好再叠穿上一条半裙，这样取得的平衡感会更好；把衬衫裙当成长外套穿时，下面搭配长裤会最有轻松感。

下面的三张图片里，其实内搭和鞋子都是同一款的，仅仅下半身换上了不同的裤子或是裙子，看上去效果竟是如此地截然不同！

前后都能穿的实用型
长款衬衫裙长外套

这是一条穿上身宛如修女一般的复古风衬衫裙。为了配合
这条衬衫裙质地粗糙的特点，下半身特意搭上了一条蓬松
的裤子，这样就可以呈现出偏中性的味道来。

附腰带的长款衬衫裙
长外套

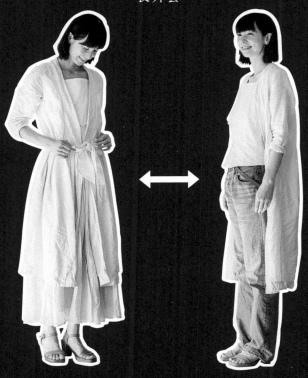

采用单一的白色系穿搭法时，下半身只要配上一条简简单单的牛仔裤，就可以意外地体现出一种休闲感来。卷起一部分袖子，还能够穿出成熟干练的味道。

睡袍式连衣裙长外套

这件连衣裙下半身可以跟半裙搭配，能展现出柔和的蓬松感。把它当作长外套穿时，还可以利用上面的条纹，走小清新的海洋风路线。腰带只需自然随意地垂下来即可。

用作对比的颜色
可以从黄色
开始逐步尝试

托特大包

采用单一的白色系穿搭法时，用作对比色
的黄色，也要占据一定比例，才能在整体
上取得平衡。使用这种颜色的好处在于，
拿在手上就可以让人看起来精神抖擞。

围巾披肩

拯救平庸感的撞色搭配法

在我的衣橱里，能找到的最多的颜色，就是灰色，还有白色。至于用作对比的颜色，我大多会选用黄色。这是因为，黄色与二者搭配出来的效果很惊艳。它极容易与肤色互相映衬，用作对比色也不会显得太过花哨。

撞色三大法则：

一、互补色撞色：把握好明度、纯度的平衡和匹配。

二、同类色撞色：色环上相邻两种色系的撞色，比较柔和、可控。

三、可以采用两种颜色各50%的撞色法，还可以采用2/3色彩搭配法，即把一个颜色定为主色，占全身搭配的2/3，另外一个颜色占1/3，更好把握。

第一次挑战鲜艳颜色的人，也可以尝试一下看看，说不定会有意外的惊喜。

❹ 把一条色彩鲜艳的围巾或披肩从托特大包里故意露出来少许，这也是一个时尚的小技巧。至于露出多少来才算合适，可以自己衡量。稍微尝试几次，就能知道了。

V领毛衣

在日常穿搭中，很多人都对蜡笔彩色避之不及，其实如果选用黄色系，与肤色的融合度就会刚刚好。穿在上半身时，它可以瞬间提亮脸部的肤色，堪称是一条让人心情愉悦的法则。

T恤衫

这个地方也用到了具有美颜效果的"脸部周围使用黄色"这一穿搭技巧。叠穿之际，蓝紫色更具有对比效果，可以使色彩搭配提升到一个新的境界。

心思
⑩

卷起一部分轻松
打造利落感

本来卷起两圈的地方，还可以轻松自然地卷上三圈，
时髦度立刻倍增！白长裤加露出的脚踝，看起来会
更为清爽。

打造利落感的"卷起"法则
裤脚处多卷上一层

我很喜欢把长裤的裤脚特意卷起来一两圈，露出脚踝部分，以此传递出一丝轻盈感。之前有一次，我心血来潮试着把裤脚卷起了一圈，结果发现，这样的方式可以让人显得格外帅气。

之后，我就干脆把这条"卷起裤脚"的穿搭法门作为自己的一个重要穿搭原则了。

这样的穿衣方式，也会让人对挑选与之相配的袜子和鞋子更加期待。我相信衣服是会传情的。即使是一些不张扬的小动作，有心的人也自然懂得。

在寒冷的天气里也要卷起一层来，这是为了与脚上的袜子进行搭配。冬天的衣物颜色大多数都给人沉重之感，卷上去之后，就可以瞬间变得轻盈起来。

诸如质地柔软的薄款亚麻裤这一类长裤，就可以多卷起一些，看起来好像七分裤一样的程度就刚刚好。通过下端自然变窄，可以打造出蓬松的线条。

39

把外套、宽松款连衣裙、牛仔裤叠穿起来的时候，尤其需要通过卷上裤脚来使整个人看上去干净利落。清楚地露出脚踝部分的线条，视觉效果会非常清新。

利用粉红色的袜子来制造对比时，也可以把牛仔裤脚卷上一圈，露出袜子的颜色来，以便突出重点。这种薄薄的贴身短袜不会太过于休闲，很是实用。

Chapter 2

春夏秋冬
记录生活与穿衣的
香菜子穿搭日记

春 · 夏 · 秋 · 冬

香菜子的每一天都高速旋转着。模特儿工作，插画
工作，家务下厨，等等，各种事务应接不暇。她却
总是可以乐在其中。"或许，正是因为穿上了可以
提升自己热情的衣物吧"。再没有一种事物能像穿
衣服这样，简单直接地展现一个人的爱好、素养、
文化、性格等。

身上的衣饰、发型和脸上的妆容可以马上告诉别
人，或者至少给人留下一个大概的印象：这是个什
么样的人。香菜子在每一个季节都会写下自己的生
活与穿搭的"一周日记"。她将自己所了解到的关
于挑选衣服的乐趣以及透过穿衣想要展现的真实的
自己，都隐隐地体现在了这些日记当中。

春

春 · 夏 · 秋 · 冬

只穿一件薄薄的衬衫就能出门的时候，意味着春天来了。打开窗，让阳光和春风进来，在温暖轻快的氛围中，堆积如山的家务似乎也变得可爱了，处理起来心情也是愉悦的。

舒展一下身体，给自己挑一身舒适喜欢的衣服，出门去感受世界的美好。这就是春天，万物生发的季节。

制作果干

最近迷上了自制果味麦片。里面添加的果干也
全都是自己亲手制作的。

晒网和筛子全部买齐了。身上穿件薄款的柠檬
黄色套头衫，就充满了浓厚的春天的气息。

外面还会有些春寒，脚部要记得穿上厚袜子认
真地保暖。

集中阅读食谱书

星期二

突然空出了一天休息时间。最近，我养成了集中阅读食谱书的习惯，找出一两本感兴趣的食谱书，按照书上的烹饪技巧制作菜肴，做出了令自己满意的味道，这都是平常日子里使人幸福的小事。

这一天里，我大部分时间都坐在沙发上阅读，或者窝在沙发里小憩，因此，换上了宽松的连衣长裙，再加上浅色春款衬衫和卫衣，一副休闲居家打扮。

星期三

去附近购物

去买晚餐要用的食材。这条路虽然常走，但今天微风
柔柔地拂面而来，让人心情格外地雀跃。

提上竹篮或是棉布环保袋，格子衬衫挽起袖子来，配
上亚麻质地半裙，感觉既轻松又舒适。春夏选择衣物时，
需十分留意材质的轻便性。

星期四

一整天伏案工作

写文案，画插图。工作堆积成山的日子里，
整个人也会因为外面明媚的春光而变得慵
懒起来。这时，就需要依靠穿衣来提升精气
神了。穿上A字裙，挺直脊背，上身选用黑
色的运动衣，可以起到振奋精神的效果。

到公园里散步

暖洋洋的春日里，有时会到附近公园里悠闲地散一会儿步。

即便温度合适，可总觉得那种纯良敦厚之物其实适宜在一些需要温暖来抵御萧瑟的季节穿，至于阳光普照，春花浪漫的日子里，还是轻薄灵巧的更恰当。

这时发带就可以派上用场了。用它刚好可以遮住刚刚睡醒起来的头发。

上衣选用了绿色，是为了淡化其他单品的颜色，突出春天的气息。

换上薄被子

整理完换季的衣服之后，把被
褥也换成薄的。

此时，除菌喷雾是必备神器。
一整天都要忙于家务时，一定
要穿上方便活动的宽松长裤，
再配上提升精气神的单品。

这一天的袜子，我选的是鲜艳
的绿色！

星期日

给风信子换盆

花店开始陆续摆出风信子时，总是让人觉得春天终于来了。

每年买回盆花之后，我都会去掉泥土，换到大大的花瓶里进行水养。

要做换养植物这些需要花功夫的家务时，为了让心情也能耐心细致起来，一般会特意穿上色彩淡雅的象牙白色衣物。

夏

春 · 夏 · 秋 · 冬

　　夏季穿搭的关键一点在于，身上的衣物是否透气。若衣服的面料，以及线条的透气性良好，就可以让人轻松地度过这个闷热的季节。

　　同时，心情也能变得格外畅快起来。当你穿得很得体、漂亮的时候，你也能为生活及你周围的人带来更美好的享受。

星期一

在院落里乘凉

一直忙着洗洗涮涮，要准备晚饭前才终于抽出一点属于自己的自由时间来。

换上触感轻柔舒适的棉布长裙，在院子里小憩片刻。

到了这个季节，常用的蚊香一定要选用天然材料制成的，那可是我的最爱。

星期二

与朋友小聚

夏季出门时，可以穿上蓝白色组合的一身，与外面强烈的阳光相映成趣。

把衬衫裙敞开来，任其随风摇摆，可以带来凉爽的心情。再配上夏日里不可或缺的沙滩凉鞋。

俗话说：鞋子成就一个人。意思是说，鞋子对一套衣服的整体效果起着关键作用，必须认真挑选。鞋子的颜色可以搭配衣服来区分选择。

参观熟人的品牌展会

星期三

每一季，我都会去参加友人担任设计师和摄影师的品牌举办的展示会。会上如果有自己需要的服装，一定会亲自试穿一下。

因此，我总是会穿上腰部带有橡皮筋的半裙赴展。这样，穿脱的时候会很方便。

54

星期四

在咖啡馆里用电脑工作

稿子写不下去的时候，也会跑到咖啡馆里转换一下心情。换上宽松的长裙，就算长时间保持同一姿势也不会感到疲劳。

电脑和资料通通可以装进双肩背包里带过去。

邀请朋友来家中聚餐

准备餐点的时候，身上的服装要适合活动，还要带点美感。

这个时候最方便的，就是这条镶嵌了皮料的半裙。用背心的黑色使半裙的砖红色得以收敛，可以增加成熟度，使人热情满满！

相信只要大方地表现自己，给人端正优雅的印象，也就是在穿着和举止方面下功夫，就能获得他人的好感。

星期六

稍稍打扮一下去外面吃午餐

平常穿的背心和亚麻长裤这一休闲组合外面，再搭上件薄款衬衫，

胸前垂下长长的项链，就可以美美地出门了。

为了突出鞋子的华丽，裤脚处还特意比平常多挽起一圈来。

虽有万千姿态，却始终坚持着明朗和善意，这才是我要的完美。

给儿子的比赛助威

儿子酷爱打篮球。有他的主场比赛时，我不光要去助威，还要帮他做些准备工作和善后的处理工作。所以，这种时候我都会尽量穿些方便活动的衣服，还要耐脏。这一天，脚上的迷彩风运动鞋是最大的亮点。

秋

　　换衣服的时候，主动拿起的都是一些色彩浓烈的衣物时，秋天的脚步就近了。

　　或许是因为整个夏季已经看腻了休闲装吧，在这个季节里，人们的目光总是会被粗呢外套、皮鞋等有正装气质的单品吸引住，既不会显得太郑重，也不会显得太随便。

会见之前，
检查物品是否有遗漏

星期一

工作上与人第一次约见时，切记不要忘了带上名片盒和日程表。

穿上有中缝的长裤，再配上皮包，看起来比较正式，可以给对方传递一种信任感。

不过，上身穿白衬衫的话，可能会太过一本正经，选择长袖T恤更符合我一向的休闲风格。

参加小学的家长会

参加家长会时，衣着不能太过休闲随意，一本正经又会显得格格不入，这种场合选择衣服其实是件相当困难的事情。若是穿条黑色长裤，可以体现出正式感，再配上浅色上衣和外套，又可以使自己洋溢出柔和的气质，协调上下里外的平衡。此时，装得下 A4 资料的包包也是必备品。

星期三

一月一次清洁门窗

台风过境之后，当然要打扫门窗了！首先要用发绳把头发紧紧扎起来。

衣袖和裤脚处要比平常卷得更高一些。围在腰间的套头衫，色彩里带着
秋意，是个提高自己打扫兴致的小小心思。

星期四

整理换季的衣服

换季时，要用除菌湿纸巾把衣橱内外仔细擦拭一遍。换上小袋包装的防虫剂，重新检查一下每件衣物是否真正需要。

我给自己设定的目标是，每新添一件进来，就必须减掉两件。可是，每件衣服都是自己心爱之物，实在舍不得放手，真是让人纠结。这时或许该听一听威廉·莫里斯的话：所有你认为没有用或者不好看的东西，都不能保留在家里。

星期五

去书店里寻找资料

由于从事绘制插画的工作，时常要去街上售外文书和画册的书店里逛上一逛。这一天，为了鼓舞自己的士气，我选择了"英伦少年风"这一穿搭主题。

以这个时节独有的单品——小西装外套为主角，再配上白色大包，十足的文艺范儿。

星期六

小小的旅行

终于定下了在外逗留一晚的小小旅行。可是，贪心的自己什么都想买回来。

除了要带上能装很多东西的大旅行包以外，还不能忘记带上一只逛街用的帆布中号斜挎包。

斜挎式是基本，这样才可以把两手空出来。套在外面的衣服，最好是亚麻类轻便的材质。

65

参 加 朋 友 个 人 展 的 酒 会

受邀参加友人举办的庆祝酒会。

结束一天的工作之后，迅速为孩子们准备好晚餐，忙不迭地赶出门去。

即便时间不多，也会用细细的腰带，让衣着透露出一点外出的感觉。

这一天，我尝试用珠链代替腰带来看看效果。

66

冬

　　天寒地冻之时，我更多的是在穿衣镜前进行各种尝试摸索。

　　外套与上衣长短的搭配协调，思考如何呈现冬季独有的清新脱俗……反反复复尝试之后，找到最适合自己的风格，就是这个季节里最大的时尚乐趣。

　　我想，任何事物都需要经过时间的沉淀，才能酿出"品味"。服装搭配也一样。

完成插画工作

星期一

绘制插画时，手腕需要迅速地移动。所以，即使天冷，工作时基本上也会穿着方便手腕活动的运动衣，或是针织衫类。

不过，脖子上一定不会忘了围上一条羊毛围巾。

星期二

与好友聚会

去见久别重逢的友人时，我通常会穿些体现自己风格的衣服。

而与常常见面的老友相聚时，有时会特地换上与平常气质迥异的衣服，让人眼前一亮，这种穿衣方法也会让自己乐此不疲。印花半裙和迷你包包都是棉质的。

与家人外出就餐

星期三

不想自己动手下厨的时候，干脆外出就餐。

餐馆就在自家附近，衣着可以选择线条轻松、随意一些的。

不过，正因为机会难得，自己也会郑重地穿上漆皮鞋，戴上小配饰，体会稍许的外出味道。

星期四

去手工用品店里寻找手工辅件

要走很多路时，一定会穿上旅游鞋。

要在布店和手工艺用品店里寻找面料和小辅件时，经常需要弯下腰来仔细查看。

这时，下半身可以选择平常穿惯的裤子，哪怕产生褶皱，也无须在意。

首次与企划碰面

最近跟各种公司和品牌方合作的机会越来越多了。

各方的资料都要分门别类整理在文件夹内，以免发生混乱。

与初次见面的工作伙伴碰面时，穿些黑色可以显得更加成熟稳重可靠。

星期六

清晨去外景地拍摄

做模特儿工作时，时装通常要比常人早一季穿上身。

站在寒冷的户外，却要穿着短袖拍摄，这种情况屡见不鲜。
此时，能够刷地一下套在外面的羽绒服可是一件必备神器。

换衣服时，还需要戴上丝巾，用来充当隔离面罩，以避免
彩妆沾到服装上。

悠然自得地欣赏 DVD

平常我都会优先满足家人们的要求。到了有闲暇熬夜的时候，会看部自己喜欢的电影。

换上毫无拘束感的套头毛衣裙、宽松牛仔裤，再来点爆米花和一只能装很多饮料的大马克杯，

这种休闲放松的日子实在是无敌了。

Chapter 3

五种基本款的
花式搭配法

定 番 ト ッ プ ス は

基本款是指那些人人必备的主要款式，它们几乎可以和任何别的衣饰搭配，永远不会过时，而且每次重新搭配，还是那么得体。它们就像一块空白的画布，你可以在上面随意作画，你可以把款式不同、长短各异的衣物巧妙地与之混搭。它们是大方得体的，也许还很别致呢。

日常穿搭中最常用的基本款单品，除了作为主角以外，还可以作为各种内搭及配饰来使用，也可以演绎出多种不同的风格来。

白
衬
衫

白衬衫

在多种多样的颜色中，我认为白色是必备色。

白色是一种万能的颜色，只要增添一抹白色作为搭配，就能立刻发生化学反应，给普通的衣服披上亮眼的霓裳。雪白的衬衫是最常见的基本款单品了，它能让整个衣着风格瞬间收敛起来。

走休闲风的时候，随意配上一件白衬衫，就能立刻洋溢出优雅的味道来，实在是不可思议。

扣子究竟是要系到最上面一颗，还是全部解开来？是要用熨斗仔细烫平整，还是利用上面的褶皱感呈现随意随性？一件小小的衬衫，可以演绎出不同的风格，也堪称是一件颇有心思的必备单品了。

$$\frac{1 \mid 3}{2}$$

1 蓬松的带褶半裙，配上富有张力的白衬衫，给人感觉很是新鲜特别。注意扣子尽量全部扣上，这样就会有种时尚气息不经意流露出来。

2 这套搭配采用了军装风格的外套，再配上一件干净利落的白衬衫，就可以起到收紧整体风格的作用。

3 这件衬衫的款式是前短后长的。只需顺着它的线条，把前面的下摆稍微塞进去一些，就可以穿出一种别致的时尚感来。

4 艳色的开衫似乎很不好搭配。其实，把它跟白衬衫配在一起，就堪称是最佳组合了。下半身再配上休闲裤，就不会显得太过于古板。

5 把窄窄的短款衬衫与宽松款裤子或裙子搭配在一起，效果也会格外出众。把最下面的扣子解开，衣着的起伏度也会随之得到提升。

6 采用胸前带有 LOGO 的上衣搭配亚麻裤、旅游鞋时，外面最好不要搭气质偏温柔的开衫。选用干练一点的白衬衫，会更加有收敛效果。

条纹衫

条纹衫

其实，看似人人都最常用的百搭条纹衫，也未必是每个人都适用的。随着年龄增长，我也逐渐发现，并非每种款型都适合自己。需要试穿一下条纹的宽度以及整体线条、领口形状等细节之处稍有不同的各式单品，才能清楚，究竟哪些适合自己，哪些不适合自己。找到适合自己的条纹衫是十分重要的。

在这里，顺便说一句，我认为领口周围有包边的条纹衫是最适合自己的。在搭配时，既可以把条纹衫作为主角，也可以作为配饰，还可以进一步发挥聪明才智扩大它的使用范围。

对于日常的服装搭配要舍得花一点钱、要独具慧眼、要兴致勃勃，趣味盎然。

条纹衫的各种搭配法

1 | 3

2

1 牛仔裤选择大一号的水洗材质，把条纹衫宽松地塞进去。旅游鞋选用亮蓝色。即便是常见的穿搭，稍微变一下细节，会很有时尚的味道。

2 花纹配花纹是种颇具高级感的搭配法。使用苏格兰涡纹或是小碎花之类的细小花纹互搭，是使之融为一体的关键。

3 把颜色漂亮的条纹衫当作内搭穿，领口、袖口、下摆处各露出一点来，会更加突显效果。简洁的白色长袖T恤也会随之变得华丽起来。

4
—
5 | 6

4 细条纹衫增加稍许的女人味道。用它做内搭时，可以从系了扣子的开衫胸口处露出一些来，平衡感会刚刚好。

5 穿上亮色的条纹衫和袜子，可以提高工作热情。领口处大方地露出条纹来，整体上就可以取得良好的平衡。

6 采用无领上衣加阔腿裤这种正式穿搭时，内搭只要换成条纹衫，就能体现出适当的休闲感来。

开衫

开衫

在微凉的日子里，可以轻松地披上一件开衫，既方便也实用。

开衫不仅可以用来保暖，还可以围起来、塞进去，穿着形式灵活多样。如果把它代替围巾随意搭在肩上，还可以打造出时尚的线条来。选择色彩鲜艳的开衫单品，也可以用来制造色彩对比……

女士针织开衫和男士夹克衫一样方便穿搭，是我们日常生活的必备品。

它虽然不是第一眼就能抓住眼球的单品，但最简单的廓形，最优雅的颜色，最柔软的材质，往往能细细品味出悠长的余韵。

总之，开衫可以轻松地为我们的穿搭带来无穷的变化，堪称一件值得信赖的单品。

开衫的各种搭配法

1 | 3
—
2

1 浅色互搭时，可以加上一件深色的开衫。轻松穿在外面，卷起袖子，一点点调整露出来的部分，同时注意不要显得过于沉重。

2 把富有垂坠感的亚麻质地开衫松松地搭在肩上，再配上橙色 T 恤衫和牛仔裤，就可以在休闲风格中增添一丝成熟的味道。

3 把开衫搭在肩上，袖子扭起来在前面打个结。只要强调出立体感，以白衬衫为主角的单色系穿搭法也一样可以产生无限的乐趣。

4 | 6
———
5

4 内搭上衣是无袖款时，开衫不必穿上，轻轻搭在外面，会更显成熟的气质。这种时候，要按照披围巾的感觉，尽量选择薄款开衫。

5 线条单调的连衣裙容易让人觉得平淡无奇。用开衫围在腰间，就能给整体线条制造出一些变化。要围得高一些，才会有增加腿长的效果。

6 系上开衫的所有纽扣，像毛衣一样穿着，也是一种方式。下半身如果是蓬松款，还可以把腰部塞进去，效果也不错。

无袖上衣

无袖上衣

　　夏季穿搭里不可缺少的一样单品，当然是无袖上衣了。

　　这种单品一眼看上去或许会觉得过于休闲，但通过选用时髦有气质的颜色，或是小领口的款式，可以打造出比短袖上衣更为优雅的感觉。在无袖上衣的颜色选择上，我们也不必囿于经典的黑白两色，可可·香奈儿说过，世界上最好的颜色就是适合你的那个颜色。你应该向内找寻真正适合自己的颜色与款式。

　　另外，无袖上衣最适合搭配手镯之类的配饰。下半身可以配上长裤或长裙，等等，有意识地打造出流畅的线条，演绎出成熟美。

無袖上衣的各種搭配法

2

1 | 3

1 只穿一件时，看起来很像
内衣。里面叠穿上一件同码
不同色的背心，时尚感就立
刻出来了。此外，两种颜色
要选择半裙图案上的颜色。

2 穿着中性风格的牛仔裤时，
配上质感温润的成熟风无袖
衫最能打造出平衡感。牛仔
裤的休闲特质，刚好可以压
住女人味的部分。

3 把连体裤穿上身，颇需要
一点勇气。这时可以选择无
袖款，打造出流畅的线条。
用开衫系在腰间，还可以进
一步降低挑战的难度系数。

5

4 | 6

4 无袖衫的好处之一就在于，用简约的一件或两件穿搭法，也可以显得十分有型。选择领口稍小些的款式可以使手臂处看上去格外清爽。

5 偏少女风的纯白上衣与亚麻裤的休闲组合。帽子上配的黑丝带刚好可以起到收敛的效果，给人以利落干练的印象。

6 细节处带设计感的款式，线条简洁的无袖衫，也可以轻松自如地驾驭。再配上紧身牛仔裤，就能恰到好处地突出中缝处的设计细节。

白T恤

白 T 恤

白色 T 恤，"没有其他多余的设计语言、没有性别、没有年龄、没有身份、没有剪裁的新实验、没有捕捉眼睛的企图、没有讨好异性的动机。"却可以是最耐看的。作为基本款中的基本款，最难穿也最易穿。

目前，香菜子的目标是，可以在穿搭中自如地加入一件简洁的纯白 T 恤。

感觉衣着太过一本正经时，可以用它来增加一些休闲范儿；颜色过于抢眼时，可以用它打造出轻松感……

只要加入它纯棉的天然质感进去，整体就会呈现出一种轻松舒适的气质来。

白色，可以让无所事事的一天，从装扮平平淡淡的自己开始，可以让穿着它的人，与街道、人群、氛围和谐地融为一体。

白T恤的
各种搭配法

2
―――――
1 | 3

1 把T恤松松地塞进裤子里，裤脚也松松地卷起一圈。宽大的男款白T可以演绎出女人味，打造出相对柔和的气质。

2 选择T恤时，非常关键的一点是领口。选择大V领，就不会显得过于孩子气。把开衫搭在肩上，也可以避免给人留下过于松垮的印象。

3 若是把有领的T恤套在有正式感的棉线背心里，可能会显得太过一本正经。如果配件短袖白T，就可以使整体显得格外清新脱俗。

4　休闲款小西装里搭件日常的T恤。选择V领稍大些的白T，既不会显得过于休闲，还可以与外套自然地融为一体。

5　把简约的白T跟美美的伞裙搭配在一起，效果居然很是出彩。把T恤塞进去，袖口挽起来，漂亮的正式半裙也可以摇身变为日常服装。

6　要想把雅致的彩色外套穿得亮眼一些，内搭可以选用白T。在这里，清爽干净的纯白可以把其他颜色衬托得更加突出。

Chapter 4

"点睛之笔"
的小配饰

小　　物　　に　　は

"今天的装扮，整体上好像过于漂亮正式了。" "衣服好像太单调了些。" 这些时候，无须担心。只要通过包包、鞋子之类的小配饰，最后调整一下整体的平衡感，就 OK 了。

"小小配饰，存在感却相当了得"，这也是我一直坚持的穿搭理念。我常常会选择与身上的衣物气质截然相反的配饰。这样反而可以给人一种成熟干练的印象。

想要让冬装搭配得
更加轻快一些？

随意的优雅 · 藤编包

藤编包就像是最质朴的初恋，最纯真、最充满幻想与童话。不论是经典的米色，还是独特的新造型都能够吸引我的目光。原色藤编包看起来原始、朴素，比棉麻布包多了些质感，比皮质包少了些厚重的形式感，又有一种天然的田园风，但论它的搭配真的有很大的发挥空间，什么衣服都不会太违和。

对草编、竹编、藤编包的喜爱由来已久，这些经过手工编织的器物，传递着编织者的用心；每一丝天然的材料，都是大自然的恩物……每每拎着它们，那份随意和淡然迎风拂面，少了矜持和刻意，多了从容和随性，气质中那份特殊的味道和衣饰的细节无比和谐。正如，法国的时尚大师德阿里奥说："随意是一种精心提炼的品位，它往往等同于优雅，随意的优雅是穿戴艺术的顶峰。"我爱藤编包这种随意的优雅。

◖ 采用全身上下都是深色调的外套穿搭法时，只要手里拎上一只大大的粗编藤包，就能展现出一种恰到好处的脱俗感。

如果长裙使下半身看上去略为蓬松，可以再配上一只小手包，整体就能取得适当的平衡感。

天气转冷之后，总是需要叠穿衬衣、围巾以及羊毛大衣或是羽绒服。这些衣服，每一样都容易给人过于沉重的感觉。能使全身上下瞬间显得轻盈起来的，正是藤编包这一神器。可以根据衣着搭配，自由地选择大一号的，或是刚刚好的。藤编包在存在感方面，要远胜过薄款布包之类，在冬季穿搭里也占有不容忽视的一席。

上身穿着质感蓬松的羽绒服时，可以配上一只小号的藤编包，刚好起到平衡的作用。冬季里，打造面料材质上的对比也是很重要的一点。

把宽大的披肩披在外面充当外套，里面再配上款式华丽的连衣裙。这时，手里只要再拿上一只大大的广口藤编包，就会给整体衣着增添一份休闲。

想要恰到好处地
减少一些女人味？

显得了个性、装得下风景 · 双肩包

不经意间，双肩包又再度风靡啦！最近，各大流行品牌纷纷推出各种双肩包设计，帆布双肩包品牌也不紧不慢地渐入佳境。说起来，能获得双肩包爱好者青睐的背包都有着共同点——经典简约的设计、良好的质感。"出得了厅堂，入得了厨房"这种严苛的要求，在这个设计与实用并重的时代被放置到各种随身物品上，一个随身的双肩包，自然也要容得下杂物、配得上舒适、显得了个性、放得下风景。

不论是户外旅行，还是逛街休闲，都可以借助一个帆布双肩包来减轻"在途中"的压力。天生自带休闲质感、素雅低调的帆布双肩包，也能为你的装扮添彩哦！

◐ 亚麻外套加双肩包可是铁打不动的绝配。下半身再配上蓬松的半裙和长雨靴，这种轻松的风格，就算极具个性的人士应该也可以欣然接受。

采用女人味略强的校园风穿搭时，只需再加上一只风格偏硬朗的黑色双肩包，就会有种超群的干练感出来。

这是一款柔软、不定型的户外用双肩包。干脆挑这样一款稍带一丝女人味的双肩包背在身上，使人透出一种别致的中性味道来。双肩包的颜色推荐黑色，因为黑色跟任何颜色的单品都可以搭配。

采用小西装外套加半裙这一偏正式的组合时，也可以配上带 LOGO 的 T 恤和双肩包，刚好可以避免穿搭用力过猛。

这身打扮富有女人味，很是漂亮。只不过，无袖的款式要露出手臂来，让人颇有些难为情。建议用背包上宽宽的肩带达到一点伪装的效果。

想用美美的服饰演绎
出清新脱俗感？

中性色是绝配 · 斜挎包

如果你没有合适的、成熟的斜挎包，无论是黑色、灰色、棕色、褐色，都请把它们列入购物清单里吧！如果你认为包包只是手里拿的一个物品，那就错了。其实所有东西都是你创造的整体形象的一部分。不搭的、邋遢的包和不合适的外套有同样的效果，都会破坏你费尽心思打造的形象。因此，一定要明智地选择一只斜挎包，来搭配每日的穿搭。中性色的包与所有衣服的颜色都相配。

至于需不需要买很贵的包则是另一件值得思考的事了。我认为理想的状态是，你投资一款能够经得住时间考验的、质量上乘的包。我知道并不是所有女性都追求名牌包。如果你不打算花费太多钱，那就保持包的清洁，这样包就会看起来更高档！

❻ 穿大衣的时候，从背面看上去可能会太过单调。这时，只需在斜挎包上系上一条围巾，就可以不动声色地制造出亮点来。

风衣与长款连衣裙自带一种成熟感，再加上亚麻包和旅游鞋，就可以瞬间变得轻盈自如了。

假如身上的衣服太过漂亮精致，例如，穿着线条优美的大衣之类时，穿着者的肩膀可能会过于用力。这时只需斜挎上一只包包，立刻能让人洋溢出轻松的味道来。包包比较小的话，可以随意地挎上去。至于大号的斜挎包，最好按身体曲线调整一下位置。

使用小小的斜挎包时，可以配上全黑色的连衣长裙。只需简简单单地把包斜挎在身上，就能洋溢出一股清新脱俗的文艺范儿。

款式简洁的大衣往往会给人太过无聊乏味的印象。这种时候，可以用斜挎包上的肩带打造出色彩上的亮点对比，这也是个不错的小技巧。

想瞬间拥有一身
美美的装扮？

打底背心加亚麻长裤常常会看起来太过
家居风，添上一只皮质的晚会手包，就
可以增加些许成熟的味道。

炫耀自信 · 晚会手包

经典的晚会手包，也是一定不能错过的单品！那些 BlingBling 的单品配饰，或许你会觉得太过夸张，望而却步，但雅致的派对手包是每个女孩都应该拥有的。不论是清新淡雅的青绿色、低调大方的黑色还是充满未来感的金属色，只要搭配合宜都能为你点亮着装。

我们不谈葡萄美酒夜光杯，那些只出现在红毯、晚宴的 Clutch 不实际。只告诉你如何在平凡的大马路上拿着手包体现不费力的别致。

在你只需出门几个钟头的时候，只要装好手机、银行卡、钥匙就得啦。这时没有累赘包带、极简风格的手包就能派上大用场了。除了镶钻的晚宴手包，大部分手包搭配牛仔裤、衬衫、连衣裙等街头装备都毫不费力。

当你想要轻装上阵逛街约会，亦或是出席活动；当你需要会见重要客户，或是参见商务会谈……无论什么时候，炫耀自信，一款手包都能解决。它会让你不一样，甚至让你衣橱里的一切都不一样！

平常手拎的皮包，叠起来就可以当成晚会手包使用了。这种用法还能使黑色独有的锐利得到收敛。

仅仅穿件休闲服加上托特包的话，就只能在自家附近走一走；这时候，只要把包包换成精致的晚会手包，就恨不得立马到街上去转一转了。只不过是把手包当成饰品加入其中，穿搭的范围却可以得到大幅扩展，真是不可思议。

亮色的亚麻连衣裙配上手包，有种天然质感，让人看起来落落大方。把手包两折起来拿在手里，更添一份干练。

只要在牛仔裤加条纹衫这种常用的组合里，再加上一只缎带状的晚会手包，就可以准备美美地出门了。

为了打造出与阔腿裤之间的平衡感，上半身最好用宽大的围巾增加比例。还可以反复研究一下，围巾的流苏究竟露出多少来比较合适。

想在平淡无奇的搭配里
加入一丝节奏感？

冲动消费时最好的选择 · 围巾披肩类

我非常喜欢各式各样颜色鲜艳的围巾。仔细想想，围巾是我最喜欢的配饰了。可是，很多姑娘却不重视它。我喜欢围巾能够制造出的不同的感觉。挑选一个最适合你的颜色，长长地一块，随性地围在脸旁，再平淡地衣服也会因此生动起来。寒冬时节或者春寒料峭的时候，围巾又化身为给我们带来温暖的暖心小物。实惠且用途良多。因此围巾是我必须买的第一件饰品。同时，它是冲动时最好的选择，也是极便宜的饰品。

说到围巾披肩，有一个不得不提的必备款就是黑色大披肩了。它确实能帮你应对很多无法预见的情况。如果衣橱里备有一件宽大的披肩，则意味着你再也不需要投资昂贵却通常只穿一次的正式宴会礼服了，一件小黑裙（或者其它漂亮衣服）配一条大披肩，你就可以出门了。在办公室的空调房里，大披肩也能御寒。在飞机上，大披肩又变成了完美的大毯子。有了黑色大披肩，你立刻就能变得非常有魅力了。

简约风格的套头毛衣上，
可以围上同色系的窄围巾。
围巾只要顺着毛衣的 V 领
绕上一圈，就可以跟整个
衣着融为一体了。

在简约的单件或两件穿搭中，围巾披肩也可以发挥出亮点作用的。使用它们可以轻松地打造出纵向线条，起到显瘦的效果。为了使整体趋向平衡，要尽量围得宽松一些，这样才可以使衣着搭配更加立体。

系花色围巾时，切记颜色和款式要跟上衣和裤子、裙子的色调保持协调一致。

颇具蓬松感的羽绒服上可以用围巾打造出纵向线条，起到拉长的视觉效果。

想要在单调的搭配里突出一下重点？

人群中脱颖而出 · 草编帽

和一位女朋友聊天时，她说，如果有一天没有洗头但必须要出门的话，她就会戴上一顶帽子来遮盖自己油腻的头发和糟糕的发型。我想说的是，帽子可绝不是这样用的。帽子在服饰的搭配中，也是不可或缺的一抹色彩，尤其是夏季必备的草编帽，用它来搭配基本款，简直是屡试不爽。

草编，是一种古朴的手工艺。在草编手艺人的精心巧编下，颜色、样式发生了极大改变，不复以往的素朴，竟多了一份复古雅致的感觉，一顶可爱的草编帽，就这样变身为栩栩如生、有着生命力的艺术品了。无论是在海边度假，还是漫步城市街头，一顶草编帽若搭配得当，便能让你从人群中脱颖而出。无论是小清新还是欧美范，都可以打着遮阳的幌子，肆无忌惮地美"帽"一夏。

❤ 全身上下都是黑色调时，可以用草编帽增加一点小清新的气质。同时，它也能成为上下一整条垂直线条中的重点。

带有黑色饰带的帽子也很适用于中性风穿搭。再与皮鞋搭配在一起，全身上下就是带着一丝含蓄的漂亮装扮了。

采用牛仔裤加亚麻长罩衫这种日常穿搭时，要想突出穿搭的重点，草编帽的实力可不容小觑。

假如穿着有些太过简洁，就轮到草编帽登场了。草编帽能够以轻松的感觉演绎出脱俗的味道，从而突出穿搭中的重点。它不仅有防晒的效果，还能瞬间营造出一丝潮范儿，给人以惊喜。

百褶式宽松长裙总会给人一种家居服的感觉。不过，
只要在头上配顶帽子，立马就可以出门了。

想让单色系穿搭
看上去更加收敛？

系出万种风情 · 腰带

　　配饰，在日常穿着中我们常常会用到。所有配饰中，我认为最不能忽视的就是腰带了。腰带不仅仅是表面意义上修饰身形，带来"胸以下全是腿"的神器，它其实更是女人不可多得的"雕琢者"。选择用一条腰带点睛，不仅能拯救普通的造型也能改变体型上的很多缺点。无论是时尚秀场还是街头巷尾都可以看到精致的姑娘们对腰带的利用。

　　尤其在穿着简约款纯色连衣裙的时候，一根基本款的腰带真的能起到强调腰身，提升比例的作用，既打破了枯燥感，也能显出玲珑的曲线，瞬间改变整个造型的气质。

　　一条腰带系出万种风情，相信你也不忍拒绝那种由身体曲线打造出的美感所带来的诱惑吧！

　　● 全身穿着以浅色互搭时，可以用一条宽宽的腰带来突出腰线，营造出起伏感，提升整个穿搭的个性。

采用以深色为主的单色系穿搭法
时，皮带也要选择颜色偏深一些
的。这样既不会有突兀的感觉，
又可以尽显成熟的气质。

虽说采用单色系穿搭法能够轻松体现出时尚的气息，但如果不注意搭配小件饰品及线条的话，出来的效果也很容易缺乏立体感，流于单调。这种时候能发挥出大作用的，就属腰带了。腰带绝对是一样善于演绎起伏感的利器。

线条蓬松的连衣裙外再系上一条腰带，裙子就俨然变身成了一件大号衬衫，整体形象随之焕然一新。

把套头毛衣塞进去一点，腰带就成为突出的重点了。这样看似随意的举动，其实也是暗藏小心思的哦。

想要演绎出
成熟的气质？

鞋子成就一个人 · 旅游鞋

你可能听过一句老话："鞋子成就一个人。"意思就是说，鞋子对一套穿搭的整体效果起着关键作用。若要仔细说起鞋子，大概都能写一本书了。虽然鞋子离我们的脸最远，但是它们的确经常受到人们的关注，鞋子如果不合适的话，很容易就会被看出来。

选择鞋子的首要要求是穿着和走路的舒适度。譬如，选一双轻便的运动款旅游鞋既合脚耐穿，又能展现俏皮的味道。布面的运动鞋呢，则另有一种踏踏实实的感觉。脚与地面接触的瞬间，软软的，没有负担。它还很透气，光着脚穿也没有问题。往往一双白色的布鞋，会是厚实的，安稳的，它好像与什么衣服都不会发生冲突，与裙子能搭，牛仔裤也能搭。

买鞋、试鞋是一件需要花费很多时间和精力的事，而且有很多鞋需要在穿着一段时间之后才会发现它是否合适。但是即便如此，也不要放弃给自己的双脚找到一双合适的鞋子。其实，搭配就是一双合适的鞋子配了一套合适的衣服、一个合适的包包而已。所以，在穿好衣服之后，请不要着急，多挑选几双鞋子，然后一一试穿看看。多试试只需要几分钟的时间，但是它却能够带来奇迹。

● 轻松舒适感刚刚好的黑色旅
　游鞋，再配上宽松的T恤，
　以及富有女人味的长裙，就
　堪称绝佳的组合了。

● 灰蓝色的半裙下面，可以配
　上一双灰色的旅游鞋，既时
　髦，又不会打乱整体的色调。

如果担心全身穿搭过于协调和成熟，建
议配上一双旅游鞋，这样整体风格就可
以恰到好处地休闲起来。不同颜色的鞋
子，低帮、高帮的鞋子，也会让整体的
味道变得截然不同。因此，可以多备上
几款，有备无患。

高帮旅游鞋的线条堪比短靴，可以使
小外套显得不再那么郑重其事。

想要为半裙打造出
蓬松感，增添活泼俏皮？

美得直接而耀眼 · 靴子

秋冬最有型实用的鞋履当然就是靴子了，它的美是直接而耀眼的。无论秋冬还是春夏，无论晴天还是雪天，靴子都能成为搭配首选。

黑色短靴十分百搭，从牛仔裤到阔腿裤，再到半身裙、连衣裙，它都可以完美搭配，简直是冬天的"小白鞋"。如果你对黑色短靴审美疲劳了，穿一双白色的短靴也会很吸睛，白色靴子很多姑娘会担心搭配起来有难度，但是其实牛仔裤就可以和它搭配得很好，光腿穿也会让人看起来仙仙的。除了颜色以外，还有长靴、短靴、漆皮靴、雪地靴等不同材质、款式的靴子可供挑选。因此，每到换季的时候我最先会购置的单品就是鞋子，到了秋冬就一定会入手一些新靴子。选一双对的靴子足以让你在当季街头闪闪发光！

多样靴子，多样风情。早日告别单调如一的秋冬鞋履时光吧！

❸ 常见的半裙穿搭中，无须配上旅游鞋，可以选用长靴，瞬间就能让人摆脱平庸。

毛衣裙下面叠穿一件半裙，一般是为了搭配长靴制造出的对比。长裙一定要选用白色的，更显轻盈。

如果担心黑色半裙和长靴会加重下半身的沉重感，上半身可以采用浅色系，再把袖子卷起来，整体的平衡感就出来了。

穿着单色系长外套时，脚上干脆配上皮靴，再加一只藤编包，整体的蓬松就得以收紧了。

香菜子最近对不平衡感着了迷。穿着偏长款的半裙时，她选择干脆不露出脚踝，采用长靴打造体积感，使整体呈现出一种不平衡的时尚感来。

Chapter 5

"选定专属色"
一衣多穿记

コートの色別着まわし帖

如今，物价蹭蹭上涨，收入却许久不变，对于很多女孩来说，不顾自身经济能力而大把花钱，也是不妥当的。在这种情况下，想要穿得美观得体，确实也不是件易事。当可支配的钱有限时，购置服装的明智做法是选择同一色系。这样搭配起手套、帽子、包和鞋子来，就能节省很多精力和费用。

如果能确定自己的专属色，比如浅灰色，或是驼色，那么在添置衣饰时就可以着重选择与之协调的颜色了。

黑色 强调对比色

外套　Nitca
开衫　Modell
　　　Particulier
　　　Armen
T恤　Margaret Howell
长裤　A.P.C.
鞋　Nike

外套　Nitca
毛衣　Zara
牛仔裤　Lee
鞋　Vans
包　Kiko

中间夹着深蓝色

采用单色系进行搭配时，可以让开衫
的蓝发挥出效果。马海毛的质感，略
长的尺码，使这种稍稍偏于男性化的
穿搭气质也会变得相对柔和起来。

配上鲜艳的红也能承受得住

西装领大衣穿上身就会有种成熟的味
道。配上鲜红的包包，或是牛仔裤等
休闲单品，再用脚上的黑色首尾呼应，
整体就会协调统一起来。

浅灰色 用黑白灰等无彩色调突出浅色

外套　nest Robe
毛衣　As Know As De Base
长裤　nest Robe
鞋　Converse
包　Dosa

外套　nest Robe
连衣裙　Agnes b.
围巾　Maison De Soil
靴子　MM6
包　Maison Margiela

索性全部采用浅色系

象牙色与浅灰色等雅致的浅色调互搭在一起，十分优雅大方。在冬季里还会特意配上藤编包和运动鞋，这也是香菜子铁打不动的穿衣原则之一。

各项单品用黑色统一

为了让亚麻羊毛的柔软质感和淡雅的色调做主角，配角可以使用黑色和接近黑色的深灰色。这样搭配起来，服装的美感度会直线上升。

焦糖色 打造"有一丝熟男风格"的形象

外套　London Tradition
背心　Easy Knit
T恤　无印良品
长裤　Journal Standard
鞋　二手店淘回的军鞋

外套　London Tradition
开衫　无印良品
T恤　Petit Bateau
长裤　Maison De Soil
靴子　Costume National

熟男＆少女混搭风

单穿牛角扣大衣，有些像校园里的青
春少女，干脆配以套头背心和羊毛长
裤，复古风系带皮鞋等稍有熟男风格
的单品，这也不失为一种中庸的技巧。

几种线条混搭

稍嫌正统的学院风牛角扣呢料大衣，
配上风格粗犷的靛蓝色牛仔裤和线条
流畅的短靴，可以构成混搭风。用蓝
色做其中的对比色也是亮点之一。

深蓝色 颜色有收紧效果的短上衣配蓬松的裤或裙

短款外套　Soil
T恤　优衣库
阔腿裤　Maison De Soil
靴子　Fabio Rusconi
双肩包　Armen
手套　Glen Gordon

外套　nest Robe
连衣裙　Agnes b.
围巾　Maison De Soil
靴子　MM6
包　Maison Margiela

线条和用色索性都选择偏深一些的

宽大的阔腿裤和靴子，采用暗沉的色
调，营造出蓬松感来。上衣的连帽可
以使重心提升，再用白色和米色等浅
色增添一份小清新，打造平衡感。

别致的砖红色是关键

与短款连帽外套最为相配的，应该非
过膝长裙莫属了吧。这里可以选择偏
深一些的亮色，以此演绎出别具成熟
味道的明暗起伏来。

驼色 搭配白色演绎清新感

外套　FLW
运动衣　Maximum
半裙　Agnes b.
靴子　Fabio Rusconi

外套　FLW
T恤　Margaret Howell
长裤　Armen
鞋　Converse
包　Polder

使用轻薄飘逸的半裙

香菜子独有的风格，就是在冬季里会
特意使用棉质半裙，增加整体衣着的
轻薄感。无领大衣有些太过优雅正式，
刚好可以通过运动衫和棉质半裙的休
闲特质来使之减半。

用白 T& 旅游鞋更显清爽利落

大衣和裤子索性全部采用宽大的款式
互搭。这种穿搭法可以使里面的白色
内搭更为突出，起到收紧整体的效果。
再配上一只大大的藤编手包，就可以
使视觉效果显得更加轻盈。

灰色 微妙的颜色也能承受得住

外套　kai-aakmann
套头毛衣　Omas Hande
半裙　Urban Research
鞋　Converse

外套　kai-aakmann
套头毛衣　Ebony & Ivory
长裤　Margaret Howell
靴子　Triker's
包　Fog Linen Work

深红色旅游鞋

在简约风穿搭中，假若颜色数量过少，可以用脚上的颜色来提亮，这也是个提升时尚度的诀窍。旅游鞋选用深色调，就可以增加整体的协调性与雅致味道。

能使姜黄色的个性得以收敛

灰色是一种跟任何颜色都能百搭的万能色。即便配上稍具个性的姜黄色套头毛衣，也一样可以轻松融为一体，这种成熟休闲风格，不会太过僵硬，十分自然。

渡边真希与香菜子畅聊时尚

两位女性同为『ナチュリラ』——倡导舒适穿搭风
格的时尚杂志——的封面人物。二人之间，有着许
多共同之处，包括：年龄相仿，都育有上小学的儿
子，等等。关于上学期间和孕期的穿衣打扮，包括
今后的服饰时尚流行等方面，两位也是相谈甚欢。

香菜子（以下简称香）：说起来，我们第一次见面，还是在
为『ナチュリラ』杂志拍摄的时候吧。

渡边真希（以下简称渡）：对，对。记得当时杂志方面的策
划方案是，让服装品味各有不同的四个人，到几家品牌时装精品店

里选择各自满意的时装，再与个人私服搭配起来。我到现在还记得，当时每个人选出来的衣服，都是完全不一样的啊。

真希小姐最常穿的就是这种柔软蓬松的无领套头衫。三件都是线条与质感绝佳的单品，极富"艺术与现代"感。

香：我那个时候家里孩子还小，整个生活的中心主要是育儿，已经差不多有十年没上过杂志了，所以心里特别地紧张。跟大家一起坐上去外景地拍摄的巴士时，还感觉相当陌生呢。大家都在忙着挑选衣服的时候，我却非常担心自己想选的衣服会跟别人撞衫，就准备等真希小姐选完了之后，自己再去悄悄地挑选。可是最后发现，其实根本没有必要担心这个啊。每个人穿衣的想法都是那么不同。

渡：你有那么紧张吗？这我倒是真不记得了。只记得，回程的时候，大家都是嘻嘻哈哈地打成了一片，感觉一下子就熟了起来。

香：我还记得，真希小姐当时挑选漂亮衣服的时候，毫不犹豫，三下五除二就选好了。我当时心里想，明明自己也是在同一家店里一起选的，怎么就没有看到架子上还摆着那么多时髦的衣服呢？

渡：因为我自己的个子不高，很多乍一看感觉很漂亮时髦的衣服，实际穿上身也多半会不适合自己的。所以，我已经基本上了解了，哪些衣服穿上身效果会是怎样的，在挑选的时候，只要采取排除法就可以了。比方说，那些带领子的衬衫，就算是再漂亮再时髦，跟我也是不搭的。只要穿上身，一照镜子，总会感觉莫名地奇怪。

卷起条纹衫的袖口，腰部也塞进去。香菜子最爱的，就是这种只需稍稍花点工夫就能打造出时尚感的手法了。

香：这么说的话，这么多年来我在杂志上看到的真希小姐，好像的确是穿的无领衫啊。不过，我发现蓬松款的衣服好像很适合你；那些带褶的衣服，尤其能体现出你的风格来。像我们个子高的人，就不适合穿这样的风格了。我一穿上，就会觉得特别奇怪，总是感觉不舒服。这种"奇怪"，自己也说不清是怎么一回事，但却是一种非常重要的直觉。

渡：我心里其实也很想模仿香菜子小姐那种自然的穿搭风格，觉得很是帅气，让人羡慕得不得了。比如说，把袖子稍微卷上去一些啦，衣服的下摆轻松随意地塞进去一些啦。

香：你说到的这些地方，的的确确都是我自己平常在穿搭时特别注意的地方。你能这么说，真是让我太开心了！最近，模特儿的工作也越来越多了。有时候，穿上人家为拍摄准备好的衣服，我总是会有意无意地把袖子挽上去。然后，又觉得"哎呀，不对啊！"又赶紧把袖子放下来。不过，要想把自己从没穿过的衣服穿得熟练自如，可真不是一件容易的事情。每一次都可以真真切切地感觉到，那些衣服跟按照自己喜好买回来的衣服，实在是太不一样了。

渡：香菜子小姐工作起来那么拼命，家里的衣服应该也很多吧？

香：嗯嗯。不过呢，我也会注意时常清理一部分。一般来说，闲置超过两年的衣服我就会把它们拿去跳蚤市场转手掉，或者买回一套，就转手两套出去。现在的话，好像不会再像以前那样，通过囤积衣服鞋袜来获得心理上的满足感了。

这一天，香菜子又一次把裤脚挽了起来，受到真希小姐的连声称赞："不愧是香菜子啊，把红色的袜子也露出来了。"

渡：这一点上，我跟你也是一样的想法。还有一点，最近我发现，只要是一时冲动买回来的东西，厌倦得也快。拿到跳蚤市场上去的，基本上要么是这样的衣服，要么是已经穿够了本的衣服。所谓的穿够了本，倒不是说把衣服穿到皱皱巴巴的了，而是穿到心满意足之后，就可以放手了，就是这样一种感觉。不过，拿到跳蚤市场上的时候，经常会有明明自己很爱穿的衣服，到最后居然卖不掉的事情，甚至都让人有些怀疑自己的审美品位了。

孕期常穿的长裤。香菜子的是有带子可以调节长短的（右）。真希的是左边那条线条宽大的。

香：这可是在跳蚤市场上常有的事情呢。每到这个时候，自己都好想鼓动人家说："这玩意儿，真的很不错啊"。还有就是，我会留意的一点是，让自己不要沦为价格的奴隶。即使买的时候价格太高、因此舍不得放手的衣服，其实，就算再过个五年、十年，也不可能再拿出来穿的。

渡：对啊。只有像现在年纪慢慢大了，才能深有体会。放在以前，无论如何也做不到这么释然的。

香：真希小姐好像从过去到现在，喜好都一直没有怎么变化吧？我大学是在美大上的，记得上学的时候，基本上每天都只穿工装裤来着，因为做陶艺的时候方便。

渡：嗯，这么多年来，我喜欢的东西倒是一直都没有变过。不过，当年去学校上课的时候跟出去玩的时候，打扮上还是会稍有不同的。

香：稍有不同是什么意思呢？

渡：我上女子大学的时候，如果是去上课，就会特地穿上一些美美的衣服去学校。比方说，一条漂亮的鱼尾裙，再搭上HERVE CHAPELIER的时尚背包之类的；要是私下跟朋友们去玩的话，往往就不会穿裙子了。我通常会穿条长裤，背包就用一些户外风格的，比如GREGORY。

香：我除了工装裤，就只有Agnes b.了。

渡：对，对。那个时候，人手必备的Agnes b.系扣开衫啊！不过，那可是用学生时代的零花钱一点一点积攒起来买的。说实话，有点小贵……

香、渡：NICE CLAUP！

渡：说起这些回忆的话题，那个青葱的学生时代真是太让人怀念了……

香：话说，我们两个，好像都没有过像普通的女大学生那样穿着打扮的经历啊。对了，一直想问问你，在孕期的时候，都是怎么穿衣打扮的呢？买回来的衣服如果只能穿上那么几个月，我感觉时间太短，实在是太可惜了。干脆就用腰上有根带子可以调节腰围的宽松裤对付了一阵子。

渡：我也是一样的！居然就那样一直凑合到了临产前。换句话说，跟现在的穿着打扮风格，好像也没有什么太大的差别啊。虽然人人都说育儿期间没有办法好好穿衣打扮，我个人倒是没有什么特别不自在的感觉，跟平常差不多吧。

烹饪时一般要把饰品摘下。所以，耳环也好，项链也好，都只会在出门时戴上。

香：对了，我们两个家里都是有男孩儿的吧？带这些男孩子的时候，真是没有办法穿什么漂亮的衣服啊。有太多的限制了，孩子要去玩沙子，自己也干脆换上旅游鞋好了；一会儿又要站，一会儿又要坐的，还是换条宽松的裤子穿吧……可能这种自由随性的穿法，才不会让自己感觉育儿的压力太大吧。

渡：是啊，就是这样的。我也听人说过，有些妈妈会专门买一些不怕脏的衣服，去公园的时候专用。我一般不会那样，通常衣服弄脏了就会拿去洗一下。

香：那么，要说到了现在这个年纪，真希小姐对于穿衣时尚方面有什么不同的理念了吗？

渡：嗯……这个嘛，喜好基本上没有太大的变化。不过，跟以前相比，不知道是不是脸皮厚了一些，自己终于有勇气对导购说出"不"字了。之前年轻的时候，因为人家的态度太过热情，就会稀里糊涂地买回一些根本不适合自己的东西。虽说有勇气说"不"

应该是件理所当然的事情，可是我自己真的是到了现在这个年纪，才能做到只买自己满意的东西。

香：其实，我的时尚理想是追求一种"极致的普通"。过了五十岁之后，自己想做个只穿一身白衬衫配上简单的裤子也能很出彩的人。

渡：嗯，我大概，还会是现在这个样子吧，应该不会有太大的变化。当然了，也说不定哪一天自己的喜好会发生急剧的变化。如果真是那样的话，到时候就随心所欲吧。跟着自己的想法走就好了。

香：也就是说，真希小姐过了五十岁之后，会变成一位打扮极其另类的女士吗？

渡：嗯嗯，也说不定啊。到那个时候，要是真想那样穿衣打扮的话，自己不是也没办法控制？要是跟你在街上遇到了，吓你一跳，那就提前说一声抱歉了。

渡边真希

烹饪专家。因擅长烹饪能够发挥应季食材特色的料理而受到大众欢迎。此外，因生活方式自然时尚而受到关注，作品出现在多部图书杂志中。所著图书有《亚洲的餐食》（主妇与生活杂志社）等。

后藤由纪子与香菜子畅聊时尚

于香菜子而言，后藤小姐在时尚和育儿方面，都堪
称学习的榜样。两位从学生时代开始侃侃而谈，到
近来终于从育儿之中解放出来，在谈论时尚穿搭的
过程中，不断发现彼此之间存在着很多共同之处。

香菜子（以下简称香）：好像就在前几天，我们几个才刚刚
见过面。不是吗？

后藤由纪子（以下简称后）：是啊。下个星期不是也约好了
见面的吗？

香：听说你儿子在静冈那边考上东京这里的大学了。那，以后我们见面的机会也应该越来越多了。

后：我们一家跟香菜子你们一家也是偶然的机会才住得很近的，真是多亏了你经常告诉我哪里的医院比较好什么的，帮了我们好多忙。我女儿也已经上了高中，不需要太多照顾了。最近一段时间，因为工作，我来东京的机会也多了起来。这一阵子，跟香菜子和其他朋友约好吃饭小聚，真是我最大的乐事之一。

烹饪时一般要把饰品摘下。所以，耳环也好，项链也好，都只会在出门时戴上。

香：啊，突然发现，今天我们两个拿的包包居然是一模一样的！

后：啊！真的。这只藤编包，很是实用，特别方便。这可真是太荣幸了，居然能跟香菜子撞包包。

香：哈哈，怎么这么说啊！

后：我第一次见到你，就是在给NATRURERA杂志拍摄的时候。当时，我心里大吃了一惊："果然是模特儿啊，太不一样了！跟我们这些人的'尺码'果然不同。脸又小，腿又长，世上居然会有这样黄金比例的人？！"我当时可是紧张得不得了啊。

香：那次也是我第一次参加*NATRURERA*杂志的拍摄，还记得当时我也紧张得不行呢。当时，我的感觉是，原来这位就是杂志上经常看到的后藤小姐啊，本人果然可爱。我的心也跟着扑通扑通地直跳。

后：我本来是个很怕生的人，不过见到香菜子，却一下子就熟络了起来。还记得当时我们天南地北地聊了好多话题，想想真是不可思议。我那个时候心里就一直想，能认识这么可爱的女孩子，这么美好的女孩子，啊，真是太开心了。

香：我也是一样的。后来，跟你见面聊天的机会多了起来，了解也加深了，就更加觉得，当初自己的直觉完全没有判断错，真是开心。

后：直觉？什么直觉？这话可是第一次听你说起啊。

香：我当时对你的印象是，这位模特儿虽然看起来文静大方，但却给人一种敏锐的感觉。乍一看似乎像是喜好纯粹天然的事物，可实际内心追求的东西应当相当地与众不同。以前，我记得你还曾经穿过苏格兰风方格裙，配了甲壳虫的T恤来着？

这是后藤小姐的彩色格纹半裙。落落大方的穿搭风格里再配上银色的手包，平添了一分雅致。

香菜子说："这件T恤的袖口很短，LOGO也潮味十足。"于下北泽古着店购入。

这是后藤在SANTA MONICA店里遇见的一款条纹连衣裙，线条绝佳。

后：啊！这种小事情你都记得。

香：当时看起来有种朋克风，或是摇滚风的感觉。或者说，从时装上也可以看出，后藤由纪子小姐身上有种叛逆的时尚精神啊！

后：啊，这一点居然都被你看出来了。的确是这样的。那件苏格兰风方格裙，既不会太过古板，也不会像个一本正经的中学生，是那种有着英伦摇滚范儿的方格。我十八九岁到二十四五岁的时候，刚好在东京生活。那段时间，我总是没事儿就去古着店里逛一逛。在里面买件六十年代的连衣裙啦，或是买条苏格兰半裙啦，等等。也可以说，流行本来就是件循环往复的事情吧。虽然当下流行的东西也不错，可是一旦知道东西的出处，就想得到当初的东西，也就是买到最早的正品。所以，我还是经常会去逛一些古着店。

香：我在上高中的时候，也是常常穿古着来着。学生嘛，因为没钱，就得绞尽脑汁想办法自己买。我老家足利那边有一点很特别，不知道为什么，有很多穿着特别时尚的前辈。当时，那边有好莱坞RANCH MARKET。还有，像HYSTERIC GLAMOUR一号店什么的，其实也是在足利最先开业的。我跟后藤小姐的理念一样，与时下流行的欧美风比起来，我个人会更偏向于英伦风。比方说，在我们当地的时装店里，发现一件好像老奶奶穿的那种复古衬衫时，我就会开动脑筋使劲儿想着，怎样才能把它穿搭出英伦范儿的味道来。即便现在也是这样的，自己老是会被风衣之类的英伦风单品吸引住视线。而且，我还喜欢款式偏男性化一点的皮鞋。不过，我喜欢用它们打造出一种慵懒的风格来，而不是穿得特别地正式和漂亮。这种感觉跟二十年前相比，好像并没有什么太大的变化。现在想想看，学生时代因为自己手里没钱，在穿衣打扮方面，真是做了太多不着边际的事情啊。

后：嗯，对啊。当时，我们这些人总是伸长了脖子，想抓住各种时尚的信息。有时候，也会看看杂志模仿一下。不过，说到日常模仿的榜样，主要还是那些穿着时髦的朋友和学姐们。那个年代，时尚杂志里登的，往往都是跟我们一般人差距很大的模特儿，自己就算跟模特儿穿上同一款衣服，也不会合适的。因为身材比例本来就不一样嘛。所以，穿上身总会觉得有什么地方感觉不合适的。也因此，我会经常请教一下擅长穿衣打扮的朋友，学着跟她们一起去购物。在购物的时候，如果遇到特别会打扮的人，心里也总是会羡慕无比。不管是听音乐也好，还是到咖啡店里喝茶也好，总之，只要是跟时尚有关的事情，心里都会特别留意。

香：明白，明白。就是那样一种感觉。当时感觉整个街上都是那样一种氛围呢。你看到一个女孩，她是那么与众不同，你很想走上前去问问她，她的裙子、衬衫、手袋等等是什么牌子，在哪里买的，这样的女孩才是真正有个性的。

后：我现在也始终还是割舍不下这种逛古着店的习惯。没事的时候，就会去原宿的SANTA MONICA店里转一转。

香：我也喜欢逛古着店呢。我倒不会全身上下都是古着，可是现在还能让自己觉得"哇，真是精致可爱"的东西，往往都是买回来的古着。最喜欢古着的一点，就是那种买了就能马上穿出熟悉味道的地方。像新衣服的话，第一次穿上身，总会让人感觉有点难为情。

后：嗯嗯。不过现在呢，我一般还会搭配一些漂亮点的单品来穿。只要穿上古着，总会让自己心里感觉很是踏实。成年以后，穿古着时自己最在意的地方，应该还是鞋子吧。

香：明白！还有一个地方，风衣。

后：对，对。就是这两点。如果能把它们穿搭得好，就可以成功地演绎出一种成熟的时尚味道来。像我们家里……香菜子的家里应该也是一样的吧？我女儿今年已经上高三了，像

喜爱英伦风的香菜子最爱这款巴宝莉的风衣。她还会大胆地搭配运动衣来营造出休闲范儿。

鞋子那些已经可以跟我共用了。不过呢，我最爱不释手的CHURCH系带鞋可是不愿意跟她们共享的呢。那些小孩子既不了解东西的价值，又不知道怎么穿搭，真是不敢借给她们。

香：是啊，她们可是粗枝大叶的呢。像匡威的鞋子我愿意借，Tricker's就绝对不会借的！还有一点，每次我看到尺码感绝佳的人，总是会觉得特别地时尚。我自己就是不能固定穿中码的。单品不一样的话，有时候需要选小一点的，有时候必须选大一点的。这一点很是不方便。

后：这么说的话，如果第一眼直觉就认定可能会适合自己的单品，穿上之后发现自己判断没错，就会特别地兴奋。真没想到，我们居然还都有喜欢英伦风穿搭这个共同点啊。

香：所以说，每次我们两个聊天的时候，最让人开心的地方，就是聊到这种话题根本不需要——地解释啊。当初，让我们兴奋激动的事情也是一样的，包括聊起回忆来，都是这么地投机。虽然我们两个这么多年下来，在穿搭方式上有了一定的改变，但从年轻时起喜欢的东西却一直没有发生变化，能有这种默契感，真是幸福啊。而且，后藤小姐您比我年长几岁，有您在前面为我做时尚的榜样，也让我觉得十分值得信赖。

后：你能这么说，真是让我太开心了！这么说的话，我也曾经很崇拜Jean Seberg，剪过超短的头发。不过，也只有这一点走的是法兰西风格吧。

香：我以前也曾经迷恋过披头士乐队来着，留过蘑菇头。甚至有一段时间还留过爆炸头。

后：哈哈，是啊，都是走粗犷狂野的路子。

香：仔细想想看，那个时候，成天没头没脑的，净是穿些只有自己才

香菜子最喜爱穿的长裤，是具备时尚尺码感的大码款型。只要用腰带扎紧，就可以打造出自己想要的线条来。脚上搭配 Church 的鞋子，这一点是与后藤的穿搭理念截然不同之处。

会喜欢的衣服。挑选衣服和搭配衣服的时候，完全没有想过怎样才能"受人欢迎"，也完全不去在意外人的眼光。

后：在这一点上，我跟你也是一模一样的，所以我们才会这么投缘吧。

后藤由纪子

在静冈沼津经营餐具杂货店hal。曾登上*NATRURERA*杂志创刊号的封面，因其穿搭方式很受关注。最近出版的图书有《怎样在三尺厨房里快乐下厨》（日本文艺社）。

分享 · 喜爱使用的日常小物
A → Z

小配饰与服装同样重要。这里既有多年前自己就爱用的小物，
也有近来无意当中买回的配饰……伴着香菜子耐心的解说，
给大家介绍一下其中的二十六样小物。

B ook cover
(书皮)

坐电车出门时，袖珍本书籍是我的好
伴侣。书皮要么是染色师朋友的作
品，要么是用漂亮的点心店包装纸自
制而成的。

自己不经意间对某样物品一见钟情而
冲动买回来。多数都是简约风格的玩
意儿，可以作为穿搭的配角。

A ccessory
(珠宝饰品)

如果随身物品并不多，却想在穿搭时体
现出脱俗感，就拿出这些大号的托特
包。它们还可以增添一丝闲散的气息。

D eka bag
(大包)

C ard case
(卡包)

与人初次见面时，想痛快地掏出名
片其实挺难的。这款皮质卡包既实
用又低调，刚好符合了我的要求。

Eco bag
（环保袋）

出门回来时，会顺路去买些食材，准备晚餐。我总是不会忘记带上它。还会选择与当天服饰相配的颜色，装进包里。

Felt hat
（小毡帽）

它低调的面料质感，跟许多衣物都可以轻松融为一体。剪了波波头时，就会配上贝雷帽。戴其它帽子时，就把头发扎起来。这是一样能将日常衣物提升为成熟装扮的单品，非常值得信赖。

Handkerchief
（手帕）

薄款、大号的最好用。我是一点一点攒齐的。几何图案的手帕是商场里的花车特卖品。

Glasses
（眼镜）

前面的一副是Lunettes du Jura，后面的一副是因为自己想要波士顿款。这两样在穿搭时都可以起到点睛的作用。

Iphone case
（苹果手机壳）

自己是个马大哈，老是会不留神把手机摔落。想买一款结实的硅胶手机壳，女儿就推荐了这个。每次拿着它，都觉得手感特别柔软舒适。

Jack Purcell
（开口笑系列）

白色旅游鞋我一向都穿匡威。经常穿这种更为简洁的款式了。近来也

Key ring
（钥匙圈）

古着店是个淘宝的好地方。这几样都是从那缴获回来的战利品。我会根据自己的心情随时更换。

Logo badge
（Logo 徽章）

很早，自己就热爱带有LOGO的徽章了。有时会在简洁的托特包上别上几个这样的徽章。

这是一位台湾作家制作的化妆包，是在Madu购入的。里面用时尚的单一色调统一，粉底是Addiction的，眼影是茶花形状的，资生堂出品。银色的小化妆镜已经用了十个年头，依然是我的最爱。

Omekashi shoes
（漂亮的出门专用鞋）

去年冬天自己想买一双出门专用的鞋子。正在纠结
"既不想要浅口便鞋，也不想要靴子"之际，忽然
看到了这双线条柔和的漂亮鞋子。用它搭配简单的
日常衣服，也可以显得别有成熟的风情。

Nail
（美甲）

最近专用香奈儿。它绝佳的色调
和完美的生色实在是魅力十足。
深色的甲油是为了代替饰品来与
简洁风格的服装搭配。

Perfume
（香水）

不需要工作的日子里，
会喷上一点鲜花系列的
香水自娱自乐。右起品
牌分别为Santa Maria
Novella、Helmut Lang、
Diptyque。把最爱的几
样摆在一起才发现，我
最爱的造型居然全都是
复古款的。

Make-up pouch
（化妆包）

Quality
（高品质饰品）

这条Comme des
Garcons的羊绒披
肩，我已经用了
十五个年头了。
当初买它的时
候，可真是下了
很大决心的。现
在却觉得，做出
这个决定完全不
需要后悔。

Rain boots （雨靴）

下大雨天我也有神器：亮色和暗色的橡胶雨靴各一双。只要有了这两样神器，无论跟什么样的衣服都可以完美搭配，毫无突兀感。

Socks （袜子）

最近这对薄款袜的轻盈感很迷恋。它可贵之处就是可以让脚踝显得格外清爽利落。

Tricker's （传统英伦风皮鞋）

很早就梦想着能买到这样一双传统英伦风皮鞋，几年前终于梦想成真了。

Vintage scarf （复古风丝巾）

这是一条在精品店里发现的Lanvin丝巾，正是它复古的色调吸引了我。经常被我搭配在包包上。

Umbrella （伞）

买这把条纹伞的时候，是希望在下雨的日子里也能让自己的心情豁然开朗起来。虽然是把折叠伞，质量却非常结实，下大雨也不怕。

160

手提电脑包是Defontics的。黑色平板电脑包是在家电零售店买的。买时考虑了二者之间的色彩搭配。

X
（考虑色彩）

W<small>(手表)</small>atch

自从有了智能手机之后，似乎人人都不再需要手表了。可是，最近我又重新发现到了手表存在的价值。把充满女人味的衬衫袖子向上卷起，再搭配上中性风的手表，顿觉乐趣无穷。

Y<small>oung</small>
（与女儿共享）

上高中的女儿时尚触觉敏锐，最近开始跟她共享衣物和饰品了。这块印花大手帕本来是女儿的，也会时常被我借来，绑在头发上面。

Z<small>akkuri knit</small>
（棒针织物）

棒针织物的好处是，一眼看去就可以让人显得格外活泼。尤其是这条围脖，随随便便一围就可以很有型，能够自然形成独具味道的领口，十分方便好用。

与钟爱的衣服一起慢慢变老

买衣服也像谈恋爱、像一见钟情，你凭直觉就会知道它合不合适。买那些真正别致精巧的好衣服。你一看到它，马上就知道它正是这样一件衣服。你会立刻爱上它。你知道自己穿着它很漂亮。

例如，前些日子，我从店里兴冲冲地买了件毛衣回来。其实说到它的价格，有些过高了。但它不拘泥于流行的别致款式、线条流畅的优雅美感、接触肌肤时的轻柔舒适……一切，一切，都是那么完美。我想着，买回去的话，一定可以坚持穿上十年，甚至二十年。

更出乎意料的是，这样一件简单的毛衣，就在我下定决心买回家中、加入到我的衣橱之后，居然给我的生活带来了意想不到的变化。

每次一把它穿上身，我就会不自觉地挺起自己的脊背。回到家中之后，也会马上把它脱下来，挂在衣架上通风，或者，拿去小心翼翼地手洗、晾干。

没想到，就只是一件心仪的衣服而已，竟能给自己的日常和心情都带来如此巨大的改变。

人们常说的，所谓"衣着可以使人成长"，大概就是指这样一种不可思议的感觉吧。就是这样一种情感，使我与美衣之间不断维系着美好的关系，相伴着一起老去。

　　我想论男女老少，都应该拥有一种认真打扮日子的心情，以便充实日常生活。最终，自己也会变成一位优雅大方，时尚迷人的老奶奶吧。

　　这，就是我关于时尚的终极目标！

　　我相信以对待终身热爱的事业的态度来认真对待生活的人，一定可以过上丰盛的人生。

你今天真好看衣服的样子，你的样子